AF313874

MANUEL CURATIF

DE LA

GATTINE

ou

PROCÉDÉ PRATIQUE

POUR LA

GUÉRISON DE LA MALADIE DES VERS A SOIE

par

Mme A. SABATIER-GUIBAL

PRIX : 1 FR. 25

NIMES

DE L'IMPRIMERIE CLAVEL-BALLIVET ET Cie

12, rue Pradier, 12

1868

PRÉFACE

Je n'ai pas la prétention d'écrire des pages scientifiques , de faire de la critique à propos de tel ou tel système d'éducation pour élever les vers à soie , de telle ou telle manière d'analyser la maladie qui tarit, par degrés, depuis vingt ans, une des sources fécondes de la prospérité publique.

Cette brochure — si , toutefois, ces quelques lignes osent même aspirer à ce titre — ne veut que justifier celui de : *Manuel curatif de la Gatline.*

D'ailleurs, tant d'hommes dont les études , les les écrits et les efforts portent l'empreinte de l'expérience, du savoir et du dévoûment, se sont

occupés de cette maladie du ver, que ma voix
inconnue, ma plume tout aussi humble, ne visent
point à l'ambition de leur offrir mon concours
dans la grande tâche qu'ils poursuivent.

C'est à l'expérience et à l'appréciation de tous
les éducateurs que je me décide à faire appel aujourd'hui ; n'attendant de ce jury solennel — la
publicité — que la jouissance personnelle d'avoir
fait quelque bien avec désintéressement.

A mes amis, d'abord, je donne ma découverte ;
à mes compatriotes, tout l'honneur qui pourrait
en rejaillir ; à la France, la pensée qu'en des
mains inhabiles, la Providence a pu féconder.

Nimes, le 15 février 1868.

Mme A. Sabatier-Guibal.

PREMIÈRE PARTIE

—

CHAPITRE PREMIER

La science a dit son dernier mot : le remède à la gattine n'est point trouvé ; et, je ne crois pas, écrivait l'année dernière le savant et infatigable M. Pasteur, qu'il en existe un !…

Ne vous est-il pas arrivé une fois, par hasard, lecteur, après avoir vainement demandé à votre médecin, pourtant habile, une guérison rebelle, de vous être confié au remède *bonne-femme*, qui, sans diplôme, n'en a pas moins fait sa cure et son chemin ?…

Nul doute qu'avec de la graine saine on arrivât à reconstituer nos races indigènes. Mais où est-elle, cette graine saine ? comment l'obtenir ? comment même la préserver de la contagion et de l'épidémic ?

C'est trois chances douteuses contre une, implacable : la Gattine ; et beaucoup d'éducateurs, d'expérimentateurs ont déserté le combat : comme si éviter l'ennemi c'était le vaincre.

L'éducation des vers à soie a donc, maintenant, trois dangers à éviter, en dehors d'un plus grand nombre qui ressortent de leur constitution et de leur fin, le produit de la soie.

Ces dangers nouveaux sont : la contagion, l'épidémic de la maladie — sans cause bien connue — qu'on a nommée Gattine,

La contagion serait chose possible à combattre : les cordons sanitaires, les lazarets le prouvent chaque jour.

L'épidémie est plus impérieuse : les moyens préservatifs, jusqu'à présent, ne ressortent que de l'hygiène.

La maladie, enfin, est incurable : voilà l'écueil ; et c'est là que j'ai cherché.

Me sera-t-il permis. cependant, de m'occuper d'abord, en quelques lignes, des deux premières difficultés à résoudre pour *annihiler, prévenir* la maladie ?

A défaut de science, j'ai une ferme conviction ; et ma hardiesse y puise tout à la fois sa raison d'être, son excuse et son encouragement.

Ai-je inventé le remède ?... — Ncn, pas plus que les Indiens ont inventé l'arbre à quinquina, pas plus que Christophe Colomb a inventé l'Amérique !... Je me suis même trouvée — sans m'en douter, je l'avoue — en communauté d'intuition, si je puis m'exprimer ainsi, avec plusieurs éducateurs ; mais, ou ils n'ont pas eu le courage d'aller jusqu'au bout de l'épreuve, ou ils n'ont pas eu le zèle et la foi du chercheur du Nouveau Monde. Aussi, j'ai presque le droit de renvoyer — comme enseignement — à l'*œuf de Christophe Colomb* mes concurrents, lassés ou attardés...

Après deux années d'expériences difficiles et consciencieuses, — qui ne sait ce qu'il en coûte pour faire germer utilement une bonne pensée ! — je remercie Dieu de ce qu'il me reste assez de courage moral pour mettre à jour, avec quelque autorité, le fruit de mes veilles et de mon étude.

Je demande pardon à mon lecteur de cette demi-confidence avant de satisfaire sa louable curiosité. Bientôt il en saura autant que le Sphynx : l'énigme est aux dernières pages du manuel; mais, j'aurais cru manquer à toute convenance, en lui laissant supposer que ma méthode n'avait puisé son origine que dans une fantasmagorie de mon imagination.

CHAPITRE II

Il a été dit : la maladie de la Gattine est contagieuse... Je le crois presque ; surtout si les précautions les plus simples, les plus primitives, les plus rationnelles, sont négligées, c'est-à dire : les nettoyages, les purifications enfin, que commande toute maladie qui porte, avec elle, un caractère de décomposition de sang ou de putréfaction ; soit qu'elle attaque l'homme, soit qu'elle attaque la bête.

Il est certain que le magnanier qui n'apprécie pas ces premiers élémens de sanité, ou qui les méprise, commet, chaque jour, des fautes, renfermant, en elles, une des causes de la maladie et, tout au moins, le développement du germe.

L'air pur, pour tous les êtres, quelque infimes qu'ils soient, est une des conditions indispensables de santé et même d'existence.

Et, encore, après mes observations personnelles, je n'émettrai pas la pensée qu'il convient de renouveler le matériel des magnaneries, encore moins de les rebâtir pour échapper à la Gattine !...

Voici sur quels faits se base mon opinion, qui aurait, pour premier résultat, d'alléger singulièrement les dépenses de l'éducateur.

Lorsque, pour la première fois, je mis en activité une pensée constante — celle qui résume le *traitement* que je fais subir aux vers à soie — je voulus brûler mes vaisseaux !...

Après avoir cherché quelques grammes de graines, le produit d'une cinquantaine de cocons échappés à la défection complète de plusieurs onces, réparties en différentes mains, — *vraie pourriture*, me dit-on dans le pays — je crus que, puisque mes efforts allaient tendre à une cure, il fallait se soucier peu de la contagion, la braver même, afin de mieux juger de la valeur de mes moyens.

Les demi-mesures n'aboutissent qu'à des demi-résultats. Aussi, je dois déclarer, dès à présent, que j'ai combattu ma découverte avec autant de zèle et de franchise que j'en ai apporté à me confirmer dans le succès.

Bien des fois, j'ai fait l'avocat du diable contre mon œuvre; et je suis convaincue qu'aujourd'hui, si je me taisais, j'aurais évidemment succombé à une mauvaise tentation.

Sûre d'avoir une graine empestée, je pris, chez cinq éducateurs différents, des *claies*, *canis* ou *pantennes*, — cette dernière expression appartient à la localité où j'ai fait mes expériences, — et, les soumettant à un lavage ordinaire, pour détacher les vers pourris et desséchés de l'année précédente, je confiai à ces meubles pestiférés, des vers aussi pestiférés qu'eux.

Une merveille sortit de là..... Jusqu'à la seconde mue ils furent hideux ! puis ils firent des prodiges, dépassèrent en produits la quantité, la beauté et les qualités normales de leur race... C'était le fruit de vers malades et, sûrement exposés à la contagion.

J'ai encore un certain nombre de cocons de cette première expérience, qu'on aurait pu voir à l'exposition universelle, si ma demande fût arrivée plus tôt. Leur force est exceptionnelle. Pour la race blanche — *Bourg-Argental* — 200 cocons suffisent à la livre de 500 grammes, et 219 jaunes au même poids.

Ce résultat a été sanctionné dans l'enquête séricicole, annuelle et administrative du département de l'Ardèche.

Pour me prononcer absolument sur le danger de la contagion, il faudrait, je l'avoue, avoir supprimé mon *traitement*, mais je puis affirmer une chose : *c'est son efficacité contre la contagion.*

CHAPITRE III

N'ayant point fait d'études en médecine, je ne me hasarderai à définir le mot *Epidémie* que par un simple raisonnement :

L'Epidémie doit être une sorte d'affinité, une sympathie, si j'ose dire, d'un vice de l'air avec une faiblesse d'un ou de plusieurs de nos organes. Mais, comment admettre que ce même vice de l'air existe pendant vingt ans et plus ? Ne semble-t-il pas plus sage de supposer que c'est la graine qui renferme en elle tout le principe du mal ?...

Dans l'une ou l'autre hypothèse, l'hygiène a paru, jusqu'à ce jour, le seul préservatif puissant.

Et, cependant, le mot hygiène n'est-il pas pour la masse des magnaniers une énorme hérésie ?

Bon nombre, des plus sensés même, vous

diront que ceux qui réussissent le mieux, sont ceux qui soignent le moins leur éducation.

D'après ce système, il faudrait :

Laisser croupir les vers sur la litière ;

Ne point réglementer leurs repas ;

Les chauffer beaucoup pour gagner du temps,

Ou les abandonner à l'intempérie des saisons.

Les excès en tout ne valent pas grand chose.

Là, comme ailleurs, et plus qu'ailleurs peut-être, il faut qu'un certain esprit de méthode et de jugement gouverne la chambrée.

Je dirai, un peu plus loin, l'utilité de l'hygiène pour le *traitement curatif* : il est un corollaire essentiel.

En attendant, qu'il me soit permis, avec bien d'autres éducateurs, d'ajouter que plus on consultera les lois de la nature dans l'élevage des vers. plus féconde sera la leçon qu'on tirera de cette étude.

Je ne puis m'empêcher d'exprimer ici le plaisir que m'a fait une certaine brochure lyonnaise, signée Chabot fils, intitulée *La petite*

magnanerie. Pleine de sens et de leçons prati-
ques, elle dit ce que je dirai avec elle : Ne forcez
point la nature, aidez-la seulement.

C'est de la violation flagrante des lois natu-
relles dans l'éducation séricicole qu'est résulté
l'appauvrissement de nos graines indigènes
surtout. L'industrie, l'ambition, pour jouir plus
vite, ont voulu façonner l'œuvre de Dieu qui est,
comme toutes ses œuvres vivantes , soumise à
la loi universelle, sagement réglée, de la nais-
sance à son heure, du développement patient, et
de l'accomplissement de sa tâche sans artifice.

Mon procédé combat avec succès l'épidémie,
en donnant aux vers une force régénératrice ,
qui les dispose à supporter l'influence permanente ou passagère d'une atmosphère viciée.

A l'appui de cette assertion voici un fait très
significatif :

Une journée d'orage avait passé sur un lot
de vers à soie, à peu près mûrs, et aux pieds de
la bruyère. Une teinte livide caractérisait ces
vers si beaux la veille!.... Des tâches de Gattine apparaissaient presque instantanément —
j'avais cru pouvoir arrêter le *traitement* depuis

deux jours. — Une heure plus tard, je n'eusse trouvé qu'une pourriture!...

Je les *traite* d'une manière désespérée, je puis le dire, et le lendemain matin *tous* étaient à la bruyère, filant de très bons cocons!

J'ai cent exemples à produire aussi merveilleux que celui-là dans l'efficacité du remède ; mais mon but, en écrivant ces lignes, n'étant point de faire de l'histoire, je laisse aux magnaniers qui suivront exactement ce *Manuel*, le soin de donner une double authenticité à mon expérience.

CHAPITRE IV

Dieu me garde de toucher au domaine de la science ! On sait ce qu'il en coûte pour chasser sur les terres d'autrui !

J'accepte les *corpuscules* comme *principe* ou comme *effet* de la maladie. Peu importe que ces corps microscopiques, insaisissables, portent tel ou tel nom scientifique qui déroute notre appréciation vulgaire : il est un fait incontestable, c'est qu'il existe un principe morbide dans le ver à soie qui est atteint de la Gattine.

Il altère, non seulement son épiderme, mais tout son organisme, ne lui laissant rien qui ressemble à l'insecte, frais et charnu, créateur d'un si magnifique travail.

Les pattes mêmes, ces bras de l'ouvrier, sont brûlées par cette humeur corrosive qui transperce la peau, la déprime ou la soulève : tour à tour scrofuleux ou dartreux, il répugne au toucher et tombe bientôt en pourriture, infectant, autour de lui et en quelques heures, tout ce qui, dans la chambrée, semblait avoir encore fraîcheur et avenir.

Le magnanier seul peut rendre la tristesse qui s'empare de lui, l'abattement, la prostration de ses dernières forces, dépensées jour par jour, sans calcul, sans prévoyance pour le lendemain, lorsqu'il se voit tout à coup aux prises avec le terrible fléau de la Gattine.

Ah ! si je mérite alors de vous une bénédiction, en prévenant un tel désastre, merci ! car je sais être heureuse du bonheur des autres.

Les uns ont attribué la Gattine à l'humidité de l'air et ont voulu, à l'aide de machines, rétablir l'équilibre de l'atmosphère. — Je m'honore d'avoir pour compatriote un de ces hommes d'étude, qui a, du moins, le dévouement de chercher, sans se décourager, une solution à son système. Mais c'est un système pris à un point de vue unique, et qui ne saurait trouver sa raison d'être dans les plaines sèches du Midi, par exemple.

D'autres, plus indécis, l'ont attribuée à la feuille... Et, depuis lors, la beauté des mûriers, leur vigueur, malgré l'abandon où on les laisse, semblent se venger de cette suspicion.

Je crois donc, encore une fois, avec le plus grand nombre, qu'il ne faut attribuer la maladie de la Gattine qu'à la pauvreté de la graine; affaiblie, et plus tard viciée, de génération en génération, depuis vingt ans, elle ne peut avoir la pureté, la richesse du sang de nos anciennes et belles races indigènes ! Semblables, en cela, aux phthisiques, dont les descendants , à coup sûr, ne régénèreront pas la race appauvrie.

Remonter pour retrouver cette graine mère, est chose impossible ; la guérir , c'est là mon ambition et le seul moyen de salut.

CHAPITRE V

L'anatomie du ver à soie ressemble peu à l'anatomie de beaucoup d'êtres. Elle est si simple qu'elle paraît même se refuser à la prise d'un remède quelconque.

Un vaisseau qui s'enfle régulièrement, remplit les fonctions du cœur. Des ventouses, ou stigmates , lui tiennent lieu de poumons; c'est par elles que l air s'insinue et favorise la circulation du chyle ou suc nourricier.

Le ver ne se nourrit que de verdure, et, utilement pour la qualité de la soie, que de la feuille de mûrier : toute autre alimentation n'est pas possible.

Or, l'absorption d'un remède par la bouche est nul; le ver s'éloigne de la feuille ou poudrée ou mouillée par n'importe quel mélange.

Mes recherches, dès lors, devaient toutes se concentrer sur le moyen de faire absorber le remède, malgré le ver, ou plutôt sans sa volonté.

Une fonction, presque aussi essentielle pour cet insecte que celle de l'alimentation, et dont l'altération est une des causes majeures et multiples des maladies auxquelles il est exposé, c'est celle de la *transpiration*.

Je n'ai pas à examiner son influence dans chacune des maladies du ver à soie; mais comme elle est indispensable à l'équilibre de son économie vitale, j'ai dû la nommer une des *nécessités* de guérison de la Gattine.

Mon *traitement* la régularise, la maintient et la provoque au besoin.

Le ver n'urine pas, et, cependant, le principe aqueux qu'il consomme dans la feuille fraîche est énorme; il est donc plus qu'utile qu'il en rejette l'excédant par la transpiration. Aussi la nature, à cette fin, l'a doué d'une prodigieuse quantité de pores et de ventouses. J'ai dû faire servir ces multiples bouches à l'absorption du remède...

Tout lecteur n'est pas arrivé là sans avoir deviné ma pensée :

Je traite les vers à soie par les fumigations concentrées.

L'apologie de la puissance curative du soufre n'est point à faire : la science, la pharmacie, lui doivent les meilleurs palliatifs, les plus sûrs antidotes et les cures les plus complètes. On comprend aujourd'hui que la Providence n'a pas inutilement versé à pleines mains cette richesse de la terre.

Il y a peu de temps encore, un éducateur — je ne sais plus de quelle ville — écrivait : « *C'est par le soufre que doit venir le salut.* » Il le disait de pressentiment, et non d'expérience ; car, il proposait le soufre pour soufrer la feuille du mûrier, comme on soufre la vigne, et ce moyen est à peu près nul, quant au ver.

D'autres expérimentateurs ont employé la vapeur de soufre, dit-on, par doses petites et rares, comme moyen d'assainissement de l'air, et non comme remède à l'insecte.

Il supporte ce que ni vous ni moi ne hasarderions : une étuve de vapeur de soufre pendant quatre et cinq minutes, deux et trois fois par jour ! !...

C'est un *traitement* nul comme dépense et à la portée de tout le monde ; mais, l'application et l'emploi du remède pouvant devenir nuisibles, en quelques cas, je joindrai à cette brochure un *calendrier* pour servir de régulateur, jour par jour, au *traitement*.

Après cette confidence, je demande à mon lecteur de lire encore, avec intérêt j'espère, mes différentes observations à l'appui de mon système.

Je lui fais grâce des mille difficultés que j'ai eues à sauver d'une surprise intempestive mes expériences ; elles seront comprises facilement, et toute vérité n'est pas bonne à dire... Le danger enfante l'émulation.

J'atteste que tous les faits consignés dans ce *Manuel* sont de la plus grande exactitude, et je suis à même de les prouver par témoignage ou par écrit.

Je sais aussi qu'il n'est d'aucun intérêt pour personne de faire naître des détracteurs. Je crois toutes les contradictions de bonne foi, toutes les erreurs possibles, tous les doutes un droit; seulement, je suis prête à m'expliquer si cela était nécessaire.

CHAPITRE VI

Le *traitement* doit commencer dès qu'on met la graine à l'incubation, et par *mesure*. Trop répéter les fumigations, ce serait avancer l'éclosion et sécher la coque de l'œuf; mais elles sont d'une grande utilité, ne serait-ce que pour acclimater l'embryon à une épreuve un peu violente, plus tard, pour la sensibilité nerveuse de l'insecte.

On éternue quelquefois pour eux. Ils n'ont pas de voie immédiate d'échappement à un gaz aussi subtil, et ils traduisent, en spasmes violents, l'action pénétrante du remède qui s'insinue par les pores et les stigmates.

Quand les vers sont arrivés à leur dernier développement, trois, quatre jours avant la montée, ils se convulsionnent dans l'étuve au point de faire la bague.

Un remède si énergique ne pouvait que les tuer ou les guérir : les tuer ? jamais.

Voici ce qui m'est arrivé :

Indécise encore dans la marche que je devais suivre, j'essaie de faire subir le *traitement* à des vers qui se réveillaient des deux et qui n'avaient pris aucune nourriture ; je voulais constater son influence au moment des mues.

Triste fut ma surprise, lorsque, au sortir de l'étuve, je vois les quelques vers réveillés bleuâtres, renversés sur le dos et suffoqués, ce qui n'était pas difficile... Mais, tout en faisant profit de la leçon, je les retirai de la litière par mesure de propreté.

A ce moment, je reçois la visite d'un ami. Lorsqu'il part, je lui montre mes vers frappés d'apoplexie : c'était un médecin ! Il rit à mes dépens ; puis, en tournant et retournant les cadavres, nous nous apercevons qu'ils ressuscitent !... Ils sont tenus à part, reviennent complètement à la vie, et, plus beaux que les autres, ils ont gardé le premier rang jusqu'à la montée.

Pour la graine dont l'origine est douteúse, et mieux encore *mauvaise* — comme celles, par exemple, sur lesquelles j'ai expérimenté — il convient de ne mettre aucune interruption dans le traitement depuis l'*incubation* jusqu'à la bruyère : l'expérience me l'a démontré.

La *fumigation* est le remède curatif de la Gattine. C'est absolument la pharmaceutique et le régime du malade, qu'on ne néglige qu'en retardant ou en compromettant même sa guérison.

Je vous le demande en grâce, à vous qui m'accorderez l'honneur d'avoir foi en mes paroles, ne vous découragez pas..... le succès est au bout de vos peines..... C'est peut-être pour ne pas avoir su persister que, jusqu'ici, les expérimentateurs séricicoles n'ont rien produit d'efficace.

Quelques vers, à une seconde mue, me furent apportés avec les signes certains de la Gattine. Je forçai le *traitement*, et je les rendis sinon aussi beaux que ceux que je traitais depuis l'incubation , mais capables de faire leur cocon.

A la sortie des quatre , la maladie se déclare vigoureusement sur un lot de vers que j'avais abandonnés à eux-mêmes vers le milieu de la première mue ; en quarante-huit heures , les pattes étaient noires : c'était une hécatombe qui se préparait. Je les reprends , les *traite* au dernier degré. La maturité arrive ; les vers montent à la bruyère et ne peuvent s'y soutenir. Beaucoup cependant jettent les fils et se roulent dans une première enveloppe : c'était admirable de les voir travailler quand même !... Ils firent leur cocon, et ceux qui tombèrent des bruyères avant d'avoir accroché leur brin de soie furent ramassés , enfermés dans des cornets en papier, où des amies vinrent elles-mêmes les enlever, après avoir été témoins du *miracle*, disaient-elles.

On sait que le ver , privé de ses pattes , est impropre à former un cocon.

Certains vers ont porté, à la bruyère, les cicatrices non contestables de la Gattine.

Je parle de la suppression de l'éperon rongé successivement par la maladie. Le corps, d'ailleurs, de l'insecte guéri était d'une beauté et d'une fraîcheur remarquables.

J'en ai vu qui mesuraient 9 centimètres de longueur et qui n'ont pas, pour cela, donné des cocons plus gros que les autres, mais des cocons durs comme du bois.

Quelques uns avaient mérité, de mes amis, des *noms de guerre*. Un, entre autres, dont le milieu du corps, étranglé par une tache profondément déprimée, ne pouvait arrondir son cocon, l'allongea comme celui des chenilles.

Je ne veux pas abuser de l'attention de mon lecteur, impatient peut-être. Bien que mes *notes* et mes souvenirs soient encore pleins d'enseignements utiles, je les garde pour ceux qui, ayant une foi peu robuste en mon procédé, me feront l'honneur de m'avouer leur doute : je tâcherai de mieux les convaincre.

CHAPITRE VII

Je signalerai d'abord, avec insistance, le danger d'une température factice trop élevée; c'est déjà beaucoup de la subir quelquefois, par le droit absolu des caprices de l'atmosphère.

Dans ce dernier cas, elle offre moins de péril, pourvu que ce ne soit pas une chaleur humide ou orageuse. Mais la croire nécessaire au bien-être du ver, parce qu'en ses climats originaires il en supporte de plus fortes, c'est une erreur !

Là où le ver coconne à 25 et 30 degrés, il trouve un aliment approprié à cette température : tout est harmonie sur le globe, et les principes nutritifs du mûrier cultivé dans nos régions ne peuvent être assimilés à ceux du mûrier de l'Inde ou du Japon, etc.

La preuve, c'est que les vers japonais, en

s'acclimatant, augmentent beaucoup de volume… A quoi l'attribuer?

Et puis, je dois dire, après mes observations, que la chaleur est une des causes prédisposantes au développement de la maladie.

En temps ordinaire, la chambrée qui ne vous donnera pas la sensation d'une étuve, marchera plus sûrement à la bruyère, sans laisser, sur sa route, les *gras*, les *dragés*, les *courts*, etc.

J'en appelle au jugement des magnaniers observateurs.

Gagner vingt-quatre heures, quarante-huit heures pour un travail de trente-cinq à trente-huit jours, la belle affaire ! Et si ce trente-cinquième économisé, sacrifie l'entier à la montée, que devient votre calcul?

Marchons avec notre simple raisonnement : les vers à soie éprouvent, comme nous, les changements et l'appréciation de la température, toujours variable en la saison séricicole; mais, dans cette variabilité même, ménagée avec soin, se trouve l'équilibre de la santé.

J'ai recueilli de ma vénérable mère cet utile enseignement :

« Quand je me suis occupée de vers à soie, me disait-elle — et elle l'avait toujours fait avec succès — je n'ai jamais consulté de thermomètre : je dégageais mon mouchoir du cou, et, suivant l'impression que je recevais, j'augmentais ou je diminuais le feu. »

Aussi, d'après cette sûre expérience, j'ai cru devoir établir, pour mes petites éducations expérimentales, une température variant de 14 à 16 degrés, suivant les mues.

Il faut tenir compte du *traitement* qui apporte une chaleur excédante, quoique momentanée. Je pense même qu'une chaleur constante et élevée serait nuisible.

Il est rationnel aussi de supposer qu'en soumettant le ver à la fatigue et à l'échauffement du remède, il faut lui donner de la feuille fraîche.

J'entends par feuille fraîche, non celle qui aurait absorbé la rosée, la pluie, l'humidité de la cave, mais celle qui serait cueillie sur l'arbre à des heures convenables, c'est-à-dire une heure après le lever du soleil et une heure avant le coucher.

Si l'on est réduit à faire de grandes provisions, il faut l'aérer en la secouant à la température de la magnanerie, quinze minutes à peu près avant de la distribuer.

Oserai-je encore donner un conseil à mes maîtres magnaniers? C'est de ne hacher la feuille que jusqu'à la première mue, de la servir ensuite en *tiges*, qui, à *tout âge*, doivent être employées pour déliter les vers à soie.

Ce système a le double avantage de faire faire de l'exercice au ver, de l'habituer à gagner la bruyère, de lui faciliter la digestion, enfin de l'éloigner de cette litière mal propre où les déjections des malades, comme des biens portants, ne tardent pas de corrompre l'air et de salir la feuille.

Le ver, lui-même, nous indique les mesures de propreté qu'il aime : il abandonne bientôt la feuille ternie par son voisin.

Quel amas de litière dans une chambrée mal tenue !

Donc, avec la feuille entière, économie de nourriture. Il semble l'avoir disséquée en la mangeant; et vous n'enleverez jamais des claies que des côtes et des matières fécales.

Il est bien entendu que je n'écris que pour des magnaniers qui ont déjà leurs chevrons; car ce petit *Manuel* ne saurait servir de *guide* à celui qui, sans autre apprentissage, voudrait commencer à élever des vers à soie.

A demi-mot, je puis être comprise par les *anciens*; je serais une énigme pour les *conscrits*.

Je ne multiplie pas trop le nombre des repas : la chaleur étant moins forte dans ma chambrée que partout ailleurs, la feuille reste fraîche et se consomme jusqu'au bout.

Le ver mange pendant une heure à peu près, il digère une demi-heure, trois quarts d'heure; puis il achève sa ration — nouvelle *sieste* — ce qui, à moins de cas extraordinaire, règle les repas ainsi qu'il suit dans les deux premiers âges :

Première donnée, de 4 à 5 h. du matin ,
Seconde   »   de 10 à 11 ;
Troisième   »   de 4 à 5 ;
Dernière   »   de 9 à 10 h. Un peu plus
forte que la précédente.

J'ai remarqué que la nuit disposant cet insecte au repos, comme toutes choses créés du règne animal et même du règne végétal — sorte de mystérieux recueillement où se retrempe la vie — il devient deux fois utile au magnanier de ne pas s'occuper nuitamment de la chambrée. La nuit, l'obscurité semble plaire aux vers à soie.

Il est intéressant de les surprendre, le matin. immobiles, la tête haute, et s'agitant, inquiets, à la première clarté qui les inonde !...

Alors, ils mangeront tout leur déjeuner, soyez-en sûr : la diète aura fortifié ou reposé les estomacs paresseux.

Je ne donne un repas de plus qu'à partir des *quatre*.

Je n'évite jamais le soleil dans la chambrée ;

encore moins le grand jour !... partout où il y
lumière, il y a vie.

Je m'abstiens de toute odeur aromatique dans
la magnanerie. Les fumigations soufrées suffisent pour assainir et ne doivent pas être com-
battues.

Renouvelez l'air, enlevez la litière un jour
non l'autre, excepté à la quatrième mue, où je
conseille le délitement quotidien qui s'exécute
avec grande facilité lorsqu'on donne la feuille
en tiges.

La veille des mues et au second repas, déli-
tez, afin que les vers ne s'endorment pas sur le
bois nu.

Si vous suivez les degrés de chaleur indiqués
dans le *Manuel*, vos vers à soie dormiront quarante-huit heures; mais au lieu, comme dans
l'ancienne méthode, de faire un jour de jeûne
au réveil, ils mangeront tout de suite les feuilles
en tiges que vous leur servirez; et, à leur *première sieste*, enlevez-les : ce moyen débarrasse
plus vite les retardataires et les soulage. Si le
réveil, après ces quarante-huit heures, ne

s'exécutait pas avec beaucoup d'ensemble ,
traitez-les , et vous verrez des merveilles...

Comment, m'objectera-t-on , la possibilité
de donner une fumigation à des vers qui dor-
ment, sans les déranger ?

Rien n'est plus facile, si les vers sont élevés
sur des claies mobiles ; c'est une affaire de précaution. Du reste , ils paraissent très peu s'in-
quiéter du traitement, enfermés comme ils
sont , dans une *gaine* , au moment de leur réveil.

Je prie le lecteur de se souvenir que je m'oc-
cupe surtout, ici, de vers *malades* , provenant
de mauvaises graines; d'une *expérience curative*,
enfin, et que l'on restreint toujours.....

Mais quand , après deux ou trois générations
soumises au *traitement* , on aura rendu , j'en
suis sûre, l'insecte à sa première constitution,
nous ne ferons que le *traitement préservatif*,
qui doit suffire à un éducateur dont l'ambition
n'est pas de *sacrifier* pour *trouver* , mais de *se-
mer* pour *cueillir*.

Je recommande , dans l'un et l'autre cas , de

ne point laver la graine, de la livrer, dans sa nature, à l'efficacité du *traitement*.

Le lavage, d'ailleurs, n'est pas absolument qu'un *trompe-l'œil* : il est impossible qu'il n'exerce pas une influence sur les graines ; et si des raisons accidentelles m'obligeaient à ce moyen, je ne consentirais qu'à l'eau claire attiédie et à un sèchement immédiat, sans néanmoins employer une chaleur forcée.

Ainsi donc, pour venir en aide à l'hygiène du *traitement* des vers atteints de la Gattine, ou soupçonnés tels, il faut éviter :

Le lavage de la graine ;
La chaleur au dessus de 15 à 16 degrés ;
L'obscurité ;
La feuille sèche ou échauffée ;
L'entassement du fumier ;
La présence d'odeurs, hors celle du soufre.

J'ajoute, comme danger en toute éducation, l'encombrement des vers à soie sur les claies et l'irrégularité des repas.

Une simple observation nous suffit pour justifier cette dernière sagesse : l'appétit ne s'ouvre bien qu'à nos heures habituelles.

Il serait aussi très nécessaire qu'on pût, dé-
finitivement, remplacer le système des planches
fixes , par des casiers mobiles et à claire-voie
— à défaut, par des planches *percées à jour*. —
Que d'assainissement dans cette simple mesure!

Les vers qui guérissaient le plus vite, dans
mes expériences, étaient ceux que j'avais été
obligée de placer sur un crible , faute d'installation suffisante; et puis, ce système se prête-
rait bien mieux que celui des claies compactes
aux fumigations sur place, pour le *traitement
préservatif*.

Je désapprouve l'enveloppe de papier qui
s'oppose au passage de l'air et qui conserve
beaucoup d'humidité. Je ne la suppose urgente
qu'au premier âge, pour éviter la perte considérable qui se ferait de très jeunes vers , pas-
sant par les interstices des claies.

Voilà ce qu'il faut éviter ;

Voici ce qu'il faut faire :

CHAPITRE VII

Je m'adresse particulièrement aux femmes pour propager ma méthode curative. Nous portons avec nous un esprit de détail et de minutie prévoyante, refusée presque toujours à l'homme, ce maître de la pensée.

Tant que l'éducation des vers à soie sera gouvernée par eux, aussi intelligents, aussi savants même que vous voudrez les supposer, il est à parier qu'en un jour, en une heure, une imprudence sera faite, une négligence commise.

Jamais l'homme ne se captivera depuis avant le lever du soleil jusqu'après le coucher.

Il ne sacrifiera, pendant quarante jours :

Ni son cigare, dont l'odeur est un poison pour le ver ;

Ni son journal, qui est une préoccupation pour son esprit ;

Ni ses relations, ni ses affaires, qui dépensent son temps.

A une heure donnée , il abandonnera tout le travail aux manœuvres , la surveillance aux ignorants.

Il ne s'astreindra ni à descendre à la cave pour voir l'état de la feuille, ni à suivre , au besoin , les ouvriers faisant la cueillette , pour empêcher qu'avec des mains malpropres ils flétrissent la feuille, etc.

Je sais un magnanier qui , pendant vingt à vingt-cinq jours, dort la tête sur une *sacquette* et dans un couloir de sa magnanerie ; mais , aussi, je l'élève à la hauteur du survivant des Thermopyles.

A nous, femmes, appartiennent donc l'abnégation, la prudence , le dévouement , l'œil prévoyant surtout , et l'ensemble hygiénique d'une installation magnanière.

Mettons bravement la main à l'œuvre : toute éducation domestique nous appartient. Et, puisque les vers à soie, ces insectes d'or , font aujourd'hui partie de la grande famille domestique, ne manquons pas à notre vocation et à notre devoir. Providence du foyer, nous devons devenir celle de sa fortune !

DEUXIÈME PARTIE

CHAPITRE PREMIER

Si quelques uns de mes lecteurs étaient disposés à attribuer mes succès passés, soit au choix de la graine, soit au concours d'une saison propice et d'un agencement perfectionné de la magnanerie, je les prie de lire et de méditer ce que je vais, tout à l'heure, copier textuellement sur mes *notes*, prises avec exactitude et conscience, jour par jour.

Quant à la qualité des graines, je déclare qu'elles ont été authentiquement reconnues malsaines.

A moins, qu'on admette que la graine d'origine mauvaise, examinée au microscope et entachée, dès sa formation, des signes de la Gattine, improductive en d'autres mains, se soit transformée, d'elle-même, chez moi, et sans secours ?

Cette supposition devient puérile et ne souffre pas d'examen.

Ai-je eu à mon aide ces années exceptionnelles — rares aujourd'hui — qui semblent jeter partout l'abondance et le succès ?

C'est à deux années néfastes pour la sériciculture que j'ai demandé la solution de mes études.

Ai-je. par des combinaisons nouvelles, créé un local modèle, parant au triple danger de l'*épidémie*, de la *contagion* et de la *maladie* ?

C'est dans une chambre à coucher, avec les simples courants d'air que demande l'hygiène, et dans des outillages empestés que j'ai fait mes expériences.

CHAPITRE II

En 1866, je mets éclore la graine le 1er mai.

Jusqu'à la première mue, température normale.

Mai — 14. Gelée. La feuille est très jaune.
      15.   Idem.
      16.   Idem.
      17.   Idem.
La température ne s'adoucit que vers le 24.
      29. Pluie, orage.
      31.   Idem.

Juin — 4. Pluie, tonnerres.
      11. Grande chaleur, 18° Réaumur dans la chambre, malgré les courants.
      12.   Idem.
J'ai été forcée cette nuit d'entre-bâiller les fenêtres : on étouffait ; à quatre heures du matin, la pluie a commencé, j'ai refermé.
      13. Pluie, orage.

14. Grande fraîcheur.
15. Beau temps, vent du Nord.
28. Décoconnage. Les cocons sont merveilleux.

———

En 1867, le 20 avril, je mets la graine à l'incubation.

Avril — 28. Temps pluvieux et orageux depuis le 25.

Mai — 2. Gelée, feuille jaune, très jaune.
3.   Idem.
4. Beau.
5. Idem.
6. Idem.
9. Idem.
12. Temps nuageux, venteux, feuille très laide.
14. Pluie, grêle, tonnerres.
15.   Idem.
16.   Idem.
17. Temps incertain.
18. Pluie, grêle.
19.   Idem.
20. Pluie.
21. Idem.

Il faut toujours ramasser la feuille mouillée et la faire sécher.

22. Soleil chaud et orageux.
23. Très froid : 4° au dehors ; flo-
    cons de neige.
24. Gelée.
25. Idem.
26. Idem.

La feuille est perdue !... Il faudra, jusqu'à la fin de la récolte, s'en procurer à trois et quatre lieues d'ici.

27. Etrange température : vent du
    Midi, temps lourd. La feuille
    apportée est tantôt trop dure,
    tantôt échauffée.
28.   Idem.
29.   Idem.
30.   Idem.
31.   Idem.

Juin — 2. 17° $^1/_2$, tout est ouvert ; j'ai éta-
    bli de nouveaux courants.
13. 20° Réaumur dans l'appartement ;
    une partie des vers monte
    ou est montée. — Etouffe-
    ment, tonnerres ; quelques
    uns, à la bruyère, se rac-
    courcissent.
15. Pluie, froid. jusqu'à la fin de la
    montée.

Résultat magnifique, quand même ; *autant en qualité qu'en quantité.*

Qu'en dites-vous, lecteur, le temps m'a-t-il favorisée ?

Il y a eu lutte perpétuelle entre les éléments et mes expériences. Un traitement actif a seul pu conjurer la déroute.

Chaque fois que j'ai vu mes vers s'aplatir, jaunir, prendre, à n'importe quelle phase de leur carrière, une *mauvaise tournure*, j'ai employé le *traitement énergique*.

Cependant, j'ai toujours eu quelque hésitation, lorsque l'atmosphère s'est par trop saturée d'électricité. Je crois que la sensibilité nerveuse de l'insecte est assez impressionnée pour lui imposer une surexcitation quelconque pendant un orage. Alors, un peu de feuille fraîche semble mieux lui convenir. Mais, sitôt que vous le pouvez, réconfortez-le d'une bonne fumigation...

Voici, enfin, comment j'entends cette fumigation :

CHAPITRE III

Ayez le soufre le mieux trituré, le moins
éventé qui se livre dans le commerce.

Une livre suffit, et au delà, pour toute l'éducation.

Dans un réchaud que j'ai fait confectionner à
ma *guise*, et que je nomme *réchaud fumigateur*,
je mets un peu de cendres chaudes, sur lesquelles un petit charbon embrasé.

Trop de feu brûlerait le soufre sans fumée.
Il doit brûler *lentement* et à peu près *sans
flamme*.

On tient le soufre dans une boîte de ferblanc, afin qu'il n'y ait ni danger, ni déperdition inutile, ni évaporation.

Une petite palette, ou cuiller très arrondie,
sert à prendre le soufre et à le verser avec mesure sur le feu — la valeur à peu près d'une

cuiller à café. D'ailleurs, cela dépena de la dimension de l'étuve.

Cette proportion doit pouvoir suffire pour un genre de couveuse que je décris plus bas et qui suffit à 3 et même 4 onces.

Quand il s'agit de mettre la graine à l'incubation, chacun peut organiser ses boîtes de manière à ce que les œufs reposent sur un canevas tendu et immobile.

Il convient d'étendre la graine, et non de l'entasser. Il me semble que le procédé de la porter sur soi est, à tout point de vue, condamnable ; mais tous les éducateurs ayant un système particulier pour faire éclore l'embryon, je ne puis, ici, qu'indiquer le mien : je me fie à leur bonne volonté pour allier leur habitude à la nécessité du *traitement*.

Je vais donc développer ma pensée ; mon procédé, étant de la plus grande simplicité, devient assez bon enfant pour accommoder tout le monde.

CHAPITRE IV

Une façon de table à quatre pieds et barreaux étagés cómme un dessous de chaise.

A la hauteur à peu près de 50 centimètres du sol une première plate-forme, avec planche, percée comme un séchoir à bouteille.

A la distance environ de 10 à 15 centimètres, un second étage à *claire-voie* en latis ou autre.

Puis, enfin, le dessus de table sur laquelle on jette une couverture en laine, fermée hermétiquement, mais mobile, en manière de rideau, pour réglementer la chaleur.

Au rez-de-chaussée, le feu ou l'eau bouillante jusqu'au degré convenu.

Si l'on emploie le feu — chaleur moins débilitante que celle de l'eau — il faut, à cause des fumigations qui sèchent, tenir un vase plein d'eau à côté du feu.

Le premier étage n'est qu'une réunion de

bouches destinées à briser les rayons de chaleur.

Le second reçoit les boîtes ou cartons de graines.

Cet appareil, ensemble, peut avoir une hauteur facultative de 1^m20 à 1^m30. On comprend qu'il se prête très facilement à l'emploi des fumigations.

Pour opérer, il s'agit de retirer le feu, d'abaisser la température d'au moins un degré, et de remplacer le vase qui contient le feu par le *réchaud fumigateur*, pourvu de son tison.

Trois mouvements suffisent pour verser le soufre, fermer le *fumigateur* et abaisser le rideau — mais *très hermétiquement*.

La durée de la fumigation est indiquée plus loin.

Il ne convient pas de rétablir avant un quart d'heure le degré de chaleur voulu.

Evitez de surprendre les vers lorsqu'ils éclosent : sans cela, vous les feriez fuir et il deviendrait difficile de les réunir.

Mais, après avoir fait les premières levées, on peut donner une légère fumigation aux œufs qui restent ; elle hâtera et régularisera , dès le début , par conséquent , la marche de l'éducation.

Maintenant, nous arrivons à l'application du *traitement* à des vers éclos placés dans des *canis* ou *pantennes*. — Rien n'est plus simple : On sait le peu d'espace que tiennent , aux premières mues, plusieurs onces de vers à soie.

J'emploie à peu près le même système : sur deux chaises , si vous voulez , placées en regard l'une de l'autre, j'appuie sur les sièges, les deux bords des *pantennes* que je superpose et croise. Puis, je jette sur les dossiers un drap de *toile serrée* , tendu , faisant *cabane* et fermé aussi bien que possible.

Vous introduisez le fumigateur au milieu et dessous, dans les mêmes formes que pour la *couveuse.*

Au point indiqué, vous retirez le fumigateur, abaissez rapidement le drap pour replacer doucement, mais au plus vite, les *pantennes* à leur demeure fixe.

Il s'écoule presque une demi-heure avant que les vers soient remis de leur émotion.

Il est bon d'avoir, attenante à la magnanerie, une petite pièce que nous appellerons *étuve*, pour faire le *traitement* avec toute facilité, surtout si la chambrée est quelque peu considérable.

Cet appendice a besoin d'être aéré après chaque fumigation pour la commodité des personnes employées à la magnanerie, et, peut-être même, pour l'avantage des vers... En dehors du *traitement, ils ne doivent être impressionnés par aucune odeur, encore moins par une odeur permanente.*

Deux personnes suffisent pour faire très rapidement les fumigations et n'être point incommodées. D'autant, que si l'*étuve* n'a pas un ventilateur direct sous les toits, il y aura toujours une fenêtre qu'on peut entrebailler, même pendant le *traitement*; la fumée ne s'en concentre que davantage sous la cabane.

A mesure que les vers grossissent, se présente la difficulté de les déplacer, surtout en une ou deux fournées. Je suppose qu'ils sont alors réveillés des *quatre*; ce n'est certes pas le ca de supprimer le *traitement* ; car, cette mue

est périlleuse et la fumigation facilite beaucoup
un réveil lent et pénible !

Mais, ou vous faites une *épreuve curative*
pour obtenir la semence de l'année suivante, et
alors, jusqu'à la montée, le système des *pantennes* est praticable; ou la chambrée a une plus
grande importance, et vous avez dû employer
d'aussi bonne graine que possible.

Dans cette dernière hypothèse, vous avez
suivi le *traitement préservatif*, et en *traitant*
tous les jours un tiers, un quart, une moitié
de la chambrée, suivant l'état des vers, vous
avez atteint le but, car le remède a déjà produit
son effet.

Et, enfin, au moment de la maturité, lorsque
tout déplacement est trop difficultueux, em-
ployez la grande fumigation de nuit :

Une heure après le dernier repas, introduisez
deux, trois, quatre *réchauds fumigateurs*, aux
angles de la chambrée, sur les tables mêmes,
si le danger presse; fermez volets, fenêtres et
portes. Ne laissez subsister que les courants
d'une ou deux cheminées jusqu'au lendemain
matin.

J'ai remarqué même que cette vapeur activait les vers qui avaient déjà commencé leur cocon, mais il ne faut pas en abuser.

J'ai dit, en outre, que je ne croyais pas utile de remplacer l'outillage si coûteux d'une magnanerie où la Gattine avait fait ses preuves.

Le moyen de la purifier est tout naturellement indiqué par le *traitement*.

Quelques jours avant l'ouverture définitive de la magnanerie et l'emploi des *canis, pantennes*, etc.; après des nettoyages faits avec soin et l'aérage de jour et de nuit, si cela se peut, du local, fermez-la tout à fait, en interrompant même le courant des cheminées.

Aux angles, au milieu, dans des vases de terre ou autres, placez quelques charbons *sur de la cendre chaude*, versez rapidement deux et trois cueillerées de soufre, et abandonnez ainsi la magnanerie jusqu'au lendemain.

Alors, nouvel aérage complet, nouvelle fumigation ; et, cela, à deux ou trois reprises.

La magnanerie perd bientôt toute odeur, et vous n'en êtes pas du tout incommodé.

Je conseille, pour tout ce qui est portatif,

maniable, devant servir au commencement de
l'éducation, je conseille, dis-je, les fumigations
aussi concentrées que possible ; et le moyen ,
c'est de les faire dans une très petite pièce sans
courant.

CHAPITRE V

Quelques éducateurs, j'en suis sûre, me
feront le reproche de n'appliquer mon *traitement* qu'à dés éducations restreintes.

Je me défendrai, d'abord, en disant que les
grandes éducations sont la ruine de la sériciculture, et que le salut doit venir des *petites*.

Comment pourvoir aux multiples exigences
de la température, de la propreté, de la surveillance dans des chambrées de quinze à vingt
onces et même plus ?

Cloisonnez les grandes magnancries ; moins
vastes, vous les dirigerez mieux à tout point de
vue.

La main-d'œuvre ne s'en augmentera pas ,

surtout avec la précaution de ne placer , dans chaque chambrée, que des vers éclos le même jour.

La graine de vers à soie a trois jours de bonne éclosion. Au lieu de forcer les derniers éclos à atteindre les premiers, ou les premiers à attendre les derniers , — ce qui ne saurait se faire sans affecter l'insecte, — conservez leur rang d'âge.

Puis, enfin , aux propriétaires trop riches de mûriers qui sont obligés de mettre quatre-vingt et cent onces, je dirai : Ces vers ne sont pas tous dans les mêmes mains? soyez vous-même , pour un temps, le professeur de vos fermiers , et vous en trouverez plus d'un assez intelligent pour devenir un *bon élève* du *Manuel curatif.*

Si j'étais appelée à créer une magnanerie modèle, répondant tout à la fois aux besoins de ma méthode et à l'hygiène, son corollaire, je l'établirais ainsi qu'il suit :

Aux quatre murs, de grands porte-manteaux, soit en bois , soit en fer , encastrés dans la pierre.

Superposés en cinq ou six étages, suivant la hauteur de la pièce, et par série de deux groupes.

Les claies, cadres ou pantennes, tête contre tête, côté contre côté, seraient appuyés dessus.

J'établirais un couloir entre chaque groupe, pour faire glisser un escabeau roulant qui permettrait de desservir à droite et à gauche.

Le milieu de la magnanerie serait vide, ce qui faciliterait énormément la circulation.

Deux jours avant la montée, on installerait les boiseries et les bruyères au milieu de cette pièce.

Cette méthode éviterait les mille accidents qui surviennent dans un travail où tout le monde se presse, et où les vers impatients sont souvent plus pressés encore.

Les planches seraient saines et sèches, et les vers, placés là au moment de leur maturité, recevraient, du changement de lit, un avantage immense. On comprend que l'étuve pourrait avoir le même système de porte-manteaux.

CHAPITRE VI

Mes recherches se sont portées tout d'abord sur des graines indigènes, plus atteintes que la graine étrangère. Néanmoins, j'ai tenu à me rendre compte du *traitement* sur de la graine japonaise, qui a réussi entre les mains de la personne de qui je tenais obligeamment une centaine de vers :

Mes cocons ont été plus gros et plus lourds que les siens.

On peut tirer de ce fait quelques conséquences que je laisse appliquer aux éducateurs qui réfléchissent,

Je me permettrai seulement de combattre cet enthousiasme pour les graines étrangères. N'avons-nous pas un multiple intérêt à faire revivre nos belles races françaises ?... Peut-on leur faire concurrence et comme qualité, et comme rendement et comme prix de revient ?...

N'avons-nous pas un intérêt primordial, aussi à ne pas demander au commerce une confiance qu'il n'est pas en son pouvoir d'établir ? Les commerçants exploitent, très honnêtement d'intention, sans doute, les produits du Japon, de la Chine, de la Perse, etc.; mais ils n'ont vu ni les vers ni les papillons reproducteurs. Et puis, les avaries des voyages ?... Quelle somme fabuleuse ce commerce d'outre-mer n'impose-t-il pas à la France !

Le prix de la graine, cette année, sa rareté même, sont une leçon dernière et coûteuse pour nous prouver que tous les efforts doivent tendre aujourd'hui à nous approvisionner chez nous et par nous.

La main seule de Dieu pourrait anéantir le fléau qui détruit la sériciculture ; mais, nous pouvons le combattre, le *Manuel curatif* en mains...

Il me reste à faire une demande aux lecteurs sympathiques : c'est de vouloir bien, en employant exactement ma méthode, me faire part du résultat et de leurs observations que j'accueillerai avec reconnaissance.

CALENDRIER

SERVANT DE GUIDE A

L'APPLICATION DE LA MÉTHODE CURATIVE

Encore quelques observations : je ne voudrais pas encourir le reproche d'avoir eté assez **vague** pour ménager à mon amour propre une porte de derrière.

Je tâche d'être simple, afin d'être claire, dans mes démonstrations écrites : j'avoue que, pour le magnanier, comme pour moi, une leçon pratique, ou verbale, nous éviterait peut-être quelque malentendu. Mais, je n'ai pas cru — pour bien des raisons — devoir utiliser ce moyen quant à présent.

Dans la *couveuse*, jusqu'à l'éclosion, le *traitement* peut durer deux minutes, à partir de l'instant où vous jetez le soufre dans le *réchaud fumigateur*, et celui où vous enlevez le réchaud.

Deux minutes après, ouvrez l'appareil pour laisser s'échapper la vapeur : c'est l'affaire d'un instant.

Fermez la couveuse et, dix minutes après, rétablissez la chaleur.

Je suppose qu'à l'époque où vous mettez la graine à l'incubation, elle se trouve à une température de douze degrés Réaumur — car je n'accorderais pas qu'on la transportât d'un lieu plus froid pour la soumettre de suite aux fumigations.

Lorsque les vers sont éclos, après un premier repas et deux heures plus tard, *traitement* de deux minutes, montre en main.

1er Jour, une fumigation le matin à 12 degrés.

2e	Id.	Id.	Id.	Id.	à 14	Id.
3e	Id.	Id.	Id.	Id.	à 15	Id.
4e	Id.	Id.	Id.	Id.	à 15	Id.
5o	Id.	deux fumigations		à 16	Id.
6e	Id.	Id.	Id.		à 16	Id.
7e	Id.	une fumigation	Id.	à 17	Id.
8e	Id.	Id.	Id.	Id.	à 17	Id.

N'allez jamais au-delà de 17 degrés pour faire éclore les graines.

Il est probable que le huitième jour vous avez déjà quelques vers, ou que les œufs ont beaucoup blanchi ; dans ce cas, soyez prudent, attendez plutôt.....

PREMIER AGE.

1er Jour, une fumigation de 14 à 15 degrés ;

2e Jour, même répétition ;

3e Jour, deux fumigations à 15 degrés ;

4ᵉ Jour, comme la veille ;

5ᵉ Jour, une fumigation ;

6ᵉ Jour, jusqu'au sommeil, une fumigation.

La première fumigation a lieu deux heures après le premier repas, et la seconde, après le troisième repas.

Je ferai remarquer que les vers mangent très volontiers — surtout quand ils sont gros — ce qui reste de feuille après le traitement.

Cette nourriture, si bien appropriée au régime curatif, devient d'une grande ressource.

Pendant le sommeil, suspension du traitement.

DEUXIÈME AGE.

Même méthode que pour le premier âge ; à peu près même degré de chaleur.

Je dois faire l'aveu que, quant aux degrés de chaleur indiqués, j'ai été moi même peu régulière à suivre ce calendrier, qu'il convient, cependant, d'adopter pour éviter de trop grands écarts.

Mes vers, si vigoureux, ont été exposés à des températures où un magnanier ordinaire trouverait une imprudence : 9 degrés Réaumur.

Le froid ne les tue pas, mais les retarde ; la chaleur les avance, mais les tue.

J'aime assez même que, la nuit, le thermomètre baisse toujours un peu, et qu'on soit obligé, pour *dégourdir* les vers, de faire de *bonnes flambées* aux cheminées avant de leur donner la feuille. Cela est parfois urgent et leur *fait plaisir*, tout aussi bien qu'à nous, après un abaissement de température.

En adoptant la méthode de ne pas infliger aux vers à soie une chaleur que nous ne supporterions pas nous-mêmes, sans inconvénient, on se sent disposé à vivre au milieu d'eux, à leur sacrifier, vingt jours à peu près, toutes nos sollicitudes et toutes nos sympathies... A ce mot, je le sais, les *magnanières seules* ne se révolteront pas.....

TROISIÈME AGE.

Quatorze à quinze degrés de chaleur.

1er Jour, une fumigation.

2e Jour, de même jusqu'à l'avant-veille de la mue, où l'on fera deux fumigations.

Une fumigation la veille.

On peut les faire durer trois minutes.

QUATRIÈME AGE.

Même chaleur qu'à l'âge précédent.

1er Jour, une fumigation.

2e Jour, deux fumigations.

3e Jour, idem.

4e Jour, une fumigation par jour, jusqu'au sommeil.

CINQUIÈME AGE.

Quatorze degrés au commencement et 16 degrés pour la montée, si toutefois le temps vous les ménage...

1er Jour, une fumigation ;
2e Id. deux Id. ;
3e Id. Id. Id. ;
4e Id. une Id. ;
5e Id. Id. Id. ;
6e Id. rien.
7e Id. une Id.

Je me fie au jugement de la personne qui, jusque-là, a suivi cette méthode : son expérience est déjà sûre ; elle peut apprécier l'opportunité ou l'inopportunité de retrancher ou d'ajouter au *traitement* une ou deux fumigations.

Si le ver grossissait trop — ce qui peut se produire sous l'influence de mon système — qu'il vous parût saturé de vapeur de soufre, cessez un peu le traitement jusqu'à la montée, afin d'éviter que son volume ne rende un peu lente son ascension à la bruyère.

Mais je vous recommande, à cette époque surtout, la feuille bien fraîche.

Les fumigations peuvent sans danger, après la quatrième mue., se prolonger quatre et cinq minutes. N'abusez pas et observez....

J'ai profité de l'avis très judicieux de beaucoup

d'éducateurs, en employant de la feuille non greffée, au moins jusqu'au second âge. Cependant, n'importe à quel moment vous la supprimez, ne le faites qu'après avoir alterné une ou deux fois avec de la feuille nouvelle.

Le traitement préservatif ne diffère que par la quantité des fumigations.

Même méthode pendant l'incubation.

Au premier âge, une fumigation par jour suffit;

Au second âge, ne faites le *traitement* qu'un jour non l'autre;

Au troisième âge, comme au second;

Au quatrième âge, une fumigation au réveil; deux jours après, une autre;

Le cinquième jour, une fumigation;

Le sixième, rien;

Le septième, une fumigation. Veille ordinairement de la montée pour les races indigènes.

Tout cela peut être modifié, selon l'état de la chambrée.

Je n'ajoute qu'un dernier mot, afin d'engager les éducateurs à traiter, à part, une certaine quantité de vers à soie pour servir à la reproduction. Il sera facile de les soigner *rigoureusement* avec ma méthode, et j'augure bien du résultat.

Dans ma première éducation, j'avais fait grainer 5 kilos 500 grammes de cocons qui ont produit 500 grammes de belle graine.

Celle qui, l'année d'après, a pu être soumise au *traitement* régulier, a bien marché.

Mais une éducation ne saurait suffire pour assainir complètement là graine : c'est l'affaire, je suppose, de trois à quatre générations.

Qu'importe si, après tout, les vers malades arrivent à faire de beaux cocons?... La production de la soie n'est-elle pas le point capital?.....

J'espère qu'en livrant mon procédé aux éducateurs consciencieux, je les ai rendus solidaires de ma cause, si je mérite leur approbation et leur sanction du *Manuel curatif.*